欢迎来到
怪兽学园

_____ 同学，开启你的探索之旅吧！

本册物理学家

麦克斯韦　　　法拉第

献给所有充满好奇心的小朋友和大朋友。

——傅渥成

献给我的女儿豆豆和暄暄，以及一起努力的孩子们！

——郭汝荣

图书在版编目（CIP）数据

怪兽学园.物理第一课.7, 看不见的宝藏 / 傅渥成著；郭汝荣绘. —北京：北京科学技术出版社，2023.10
ISBN 978-7-5714-2964-5

Ⅰ. ①怪… Ⅱ. ①傅… ②郭… Ⅲ. ①物理—少儿读物 Ⅳ. ① Z228.1

中国国家版本馆 CIP 数据核字（2023）第 047054 号

策划编辑：吕梁玉	电　话：0086-10-66135495（总编室）
责任编辑：张　芳	0086-10-66113227（发行部）
封面设计：天露霖文化	网　址：www.bkydw.cn
图文制作：杨严严	印　刷：北京利丰雅高长城印刷有限公司
责任印制：李　茗	开　本：720 mm × 980 mm　1/16
出 版 人：曾庆宇	字　数：25 千字
出版发行：北京科学技术出版社	印　张：2
社　址：北京西直门南大街 16 号	版　次：2023 年 10 月第 1 版
邮政编码：100035	印　次：2023 年 10 月第 1 次印刷
ISBN 978-7-5714-2964-5	

定　价：200.00 元（全 10 册）

怪兽学园 物理第一课

7 看不见的宝藏

电磁学

傅渥成◎著   郭汝荣◎绘

北京科学技术出版社
100层童书馆

实验课上，法拉第鬼鬼祟祟地来到阿成和飞飞身后。原来他在实验室里捡到了一个皱皱巴巴的纸团，打开后发现竟然是一张线索图！图上画着两样物品，还有一行字——"看不见的宝藏"，右下角还有奥斯特（Ørsted）的签名。

三只怪兽决定放学后一探究竟。

他们在校门口碰头，法拉第带上了这张线索图，飞飞带了一个指南针，而阿成带了一大块磁铁。

飞飞觉得看不见的宝藏肯定不像图上画的那么简单。一旁的阿成却一直在恶作剧，用手里巨大的磁铁靠近飞飞的指南针，使得磁针发生偏转。

唉！就这么点儿线索，我们要到哪里找宝藏啊？找了半天连宝藏的影子都没看见。

阿成、飞飞和法拉第就这样漫无目的地走着，没过一会儿，阿成就厌烦了。

我们先按照指南针所指的方向，朝着正北走。如果指南针所指的方向出现了奇怪的变化，我们就停下来找宝藏。

对！我们听法拉第的。阿成，你快把你的破磁铁收起来吧。

大家朝着北方一直走。起初指南针所指的方向一直没有变化。

他们只好继续往前走，又走了好几千米。阿成累得满头大汗，说什么也不肯往前了。

于是，他们决定休息一下。阿成坐在地上一下都不想动，飞飞却饶有兴致地飞来飞去，寻找宝藏。法拉第看见不远处有一些高压电线，于是提醒呼扇着翅膀的飞飞注意安全，当心触电。

宝……宝藏好像就在这里！指南针动了！动了！

小心点儿，飞飞！

啊，真的！这里还有电线，这不就跟线索图上画的一模一样吗？导线旁边有磁铁！

我明白了，就像法拉第刚刚说的，这附近肯定有磁场！是磁场干扰了指南针，这附近一定有被埋起来的磁铁。

哼，这附近哪里有磁铁？只有电线。

听着两人斗嘴，法拉第恍然大悟。他响指一打，弄得阿成和飞飞一头雾水。二人细问究竟，法拉第却执意要等到第二天再揭晓答案。

啪

我知道了，奥斯特说的看不见的宝藏就在这些电线周围！

第二天一大早，阿成和飞飞就迫不及待地来到了法拉第的实验室。因为心里总想着看不见的宝藏，两只小怪兽昨晚都失眠了。

奥斯特（1777—1851）

　　奥斯特是丹麦著名的物理学家、化学家。1820年，奥斯特在为学生们做演示实验时，发现了电流的磁效应。除此以外，奥斯特在化学领域也有许多重要的贡献，他通过化学反应制取了铝，因此被认为是铝元素的发现者。

只见奥斯特从盒子里拿出了一个实验装置。这个装置包括一根导线、一枚菱形磁针和一组电池。在接入电池前，静止的菱形磁针的两端分别指向南北方向。

第二天，飞飞和阿成又如约来到了实验室。

电磁小实验

（1）法拉第把一块磁铁插到了线圈中，在磁铁插入的过程中，电流表的指针开始摆动，并摆向 0 刻度的右侧。

（2）等到磁铁完全插入后，电流表的指针又回到了 0 刻度。

（3）法拉第将磁铁从线圈里拿出时，电流表的指针再次开始摆动，并摆向 0 刻度的左侧。

（4）等到把磁铁完全拿出来后，电流表的指针回到了 0 刻度。

虽然法拉第并没有揭晓谜底。但阿成和飞飞感觉自己离真相越来越近了。

第三天，按照法拉第的指示，阿成和飞飞再次敲响了实验室的门。这一次，开门的是麦克斯韦，他正在黑板上写写算算。

这几天，他一直在卖关子，我们只想知道奥斯特说的看不见的宝藏究竟是什么。

那这两天，你们得到什么线索了吗？

我想这可能和磁场有关！

还有电场！

没错，其实，电场和磁场是可以互相转化的。你们所说的电场和磁场合称为电磁场。

小知识

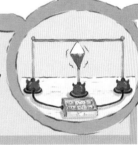

奥斯特实验——电流附近会产生磁场，这是电场转化成了磁场。

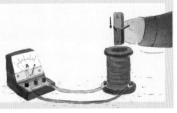

电磁感应实验——磁铁在导体附近运动，可以使导体中产生电流，这是磁场转化成了电场。

电磁场

电场可以转化为磁场，磁场也能转化为电场。变化的电场和变化的磁场构成了一个不可分离的统一的场，这就是电磁场。

还有啊，根据我最近的研究，我发现变化的电磁场在空间传播时会形成一种波。我姑且称它为电磁波吧！

$$\nabla \cdot \boldsymbol{E} = \frac{\rho}{\varepsilon_0}$$
$$\nabla \cdot \boldsymbol{B} = 0$$
$$\nabla \times \boldsymbol{E} = -\frac{\partial \boldsymbol{B}}{\partial t}$$
$$\nabla \times \boldsymbol{B} = \mu_0 \left(\boldsymbol{J} + \varepsilon_0 \frac{\partial \boldsymbol{E}}{\partial t} \right)$$

电磁波

在空间传播的周期性变化的电磁场就是电磁波。电磁波是以波动的形式传播的电磁场，也称电波。

在我们的身边，电磁波无处不在。手机信号、Wi-Fi信号、蓝牙信号……是电磁波。微波炉加热物体时发出的微波也是一种电磁波。各种颜色的见光也是电磁波。医院检查身体时用到的 X 射线也是一种电磁波。

历时三天，阿成和飞飞终于找到了奥斯特所说的看不见的宝藏——无处不在的电磁场和电磁波。

电磁场和电磁波带来了电气革命，改变了我们的生活。它们是我们生活中不可缺少的宝藏。

这回，阿成和飞飞总算能睡个好觉了。

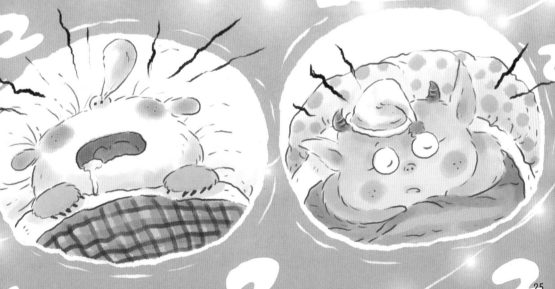

法拉第（1791—1867）

　　法拉第是英国著名物理学家，在电磁学及电化学领域做出了许多重要贡献。法拉第被认为是科学史上最优秀的实验物理学家之一，尽管他没有接受过高等教育，但可以用简单的语言表达自己的科学见解。我们今天常常用来描述磁场的磁感线的概念就是法拉第提出的。除此之外，法拉第还发现了电磁感应定律、抗磁性等大量物理化学规律。他发明的发电机是今天我们使用的电动机和发电机的雏形。

法拉第发明的发电机模型

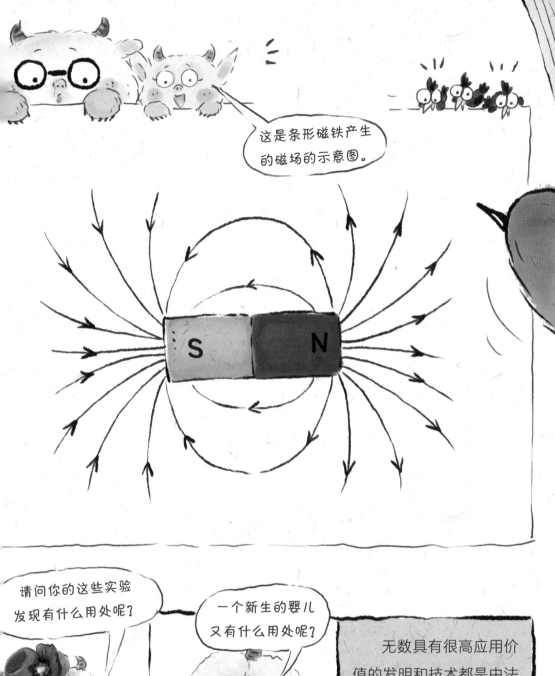

这是条形磁铁产生的磁场的示意图。

请问你的这些实验发现有什么用处呢？

一个新生的婴儿又有什么用处呢？

无数具有很高应用价值的发明和技术都是由法拉第的这些实验发现发展而来的。它们推动了人类社会的第二次工业革命，彻底改变了人类的生活。

麦克斯韦（1831—1879）

　　麦克斯韦是英国著名物理学家。他总结了法拉第的发现以及所有当时已知的电学和磁学现象，最终列出了 4 个方程，它们被称为麦克斯韦方程组。麦克斯韦方程组将电、磁、光现象统一在一起，为相对论和量子力学奠定了理论基础。爱因斯坦曾经高度评价麦克斯韦，称他对物理学做出了自牛顿时代以来最深刻、最有成效的变革。麦克斯韦在他的著作中预言了电磁波的存在，他指出：存在着电磁波；电磁波在真空中传播的速度等于光速。除此以外，他还推进了分子运动论的发展，提出了彩色摄影的基础理论。

　　1860 年，初出茅庐的麦克斯韦在伦敦遇到了当时已经功成名就的大科学家法拉第。麦克斯韦对法拉第的理论提出了自己的见解，法拉第对麦克斯韦说："我并不认为自己的学说一定是真理，但你是第一个真正了解它的人。"同时，他又鼓励麦克斯韦不要停留于用数学解释已有的科学观点，而应该在此基础上有所突破。